数码摄影
快步入门

宋 军 著

U0199837

学苑出版社

图书在版编目（CIP）数据

数码摄影技术／宋军编著．— 北京：学苑出版社，2016.11

ISBN 978-7-5077-5139-0

Ⅰ．①数…　Ⅱ．①宋…　Ⅲ．①数字照相机－摄影技术

Ⅳ．① TB86 ② J41

中国版本图书馆 CIP 数据核字 (2016) 第 289655 号

责任编辑：徐建军
封面设计：罗家洋
出版发行：学苑出版社
社　　址：北京市丰台区南方庄 2 号院 1 号楼
邮政编码：100079
网　　址：www.book001.com
电子信箱：xueyuanpress@163.com
联系电话：010-67601101（销售部）　67603091（总编室）
经　　销：新华书店
印　刷　厂：北京信彩瑞禾印刷厂
开本尺寸：850×1168　1/32
印　　张：3.625
字　　数：75.6 千字
版　　次：2017 年 1 月第 1 版
印　　次：2017 年 1 月第 1 次印刷
定　　价：30.00 元

目 录

前　言

　　数码摄影，又称数字摄影或数位摄影。数码相机的工作原理是利用电子传感器把光学影响信号转换成电子数据，使用数字成像元件（CCD，CMOS）替代传统胶片来记录影像的技术，与胶片感光相机的区别就在于感光元件的不同。使用配备数字成像元件的相机、手机等数字成像工具的拍摄活动，统称为数码摄影。

　　随着数码影像技术的发展，摄影拍照已经成为了人们日常生活的一部分，人们在工作、学习和生活中会随时随地进行数码摄影。数码相机的出现使得摄影变成了大众化的记录艺术工具，现在数码摄影已成为我们身边寻常物。

　　摄影设备的普及，使得人们目光所及之处，都会留下各种各样的影像记录。在拍摄各种景物的数量大增后，人们开始对拍摄出优秀影像作品有更高的要求，购置了更好的数码摄影设备。越来越多的人对摄影技术发生兴趣，学习摄影，希望更好地使用手中的数码摄影工具拍出更漂亮的图片。

本书是专为接触数码摄影时间不长、希望快速提高摄影水平，又没有时间钻研大部头摄影书籍的业余摄影爱好者，精心编写的一部简明实用的摄影入门辅导用书。简明扼要、通俗易懂地讲解摄影必须掌握的各种基础和实拍技巧，使入门者轻松了解数码摄影这点事儿，快步地掌握数码摄影的要领，拍出如意的美图。

本书全面系统地介绍了数码单反相机的分类及配件和使用数码摄影的基础知识；讲解了数码摄影的几种常见场景的拍摄要点和拍摄方法；最后通俗地介绍了数码摄影的后期制作技术。

特别是书中图片，均使用数码相机同类型中最普通相机和镜头，最简单设置拍摄的，与大众初学者入门的设备和操作没有距离。书中的用光、构图等方法使用手机拍摄也可以参考。本书将会是您数码摄影技术入门和进阶的好助手。

了解数码相机

工欲善其事，必先利其器。数码相机按档次和画质依次可分为中画幅，单反，单电（索尼又分微单和单电），旁轴，类单反，卡片等多种类。普通数码摄影只要了解以下几种常见类别的数码相机即可。

卡片相机

卡片相机（Digital Still Camera）在业界内没有明确的概念。主要是指机身超薄时尚，外形小巧等类型的数码相机。卡片数码相机随身携带轻巧方便，可以随意放进衣袋、手包或者挂在脖子上也不显重负。

卡片机虽然玲珑小巧，具有最基本的薄数码相机标准配置，以及自动测光、曝光和场景选择等模式，内置了色彩、清晰度、对比度等选项，能够完成一些基本的摄影创作。

| 完全自动的卡片相机

但是，卡片机的手动设置功能相对薄弱、超大的液晶显示屏耗电量较大、镜头性能较差，一般都使用固定镜头，而且感光芯片尺寸较小，限制了拍摄效果。卡片机中也有一些高端产品，如索尼 RX 系列等，感光芯片尺寸稍大些，也具有一定的手动设置功能。这类相机可作为单反相机的备用机使用。

| 具有手动设置模式拨盘的卡片相机

长焦相机

长焦数码相机外形与单反相机类似，但要轻一些，稍小一些，主要就是加上了个不能更换的、数十倍数的望远镜头。通过镜头内部镜片的移动而改变焦距，可以有很高的变焦倍数，可以远距离拍摄景物。目前市场上各大相机厂家多有推出长焦机类的产品。

如果是轻便出行，拍摄较远处的景物，或不想使被拍摄者被打扰时，长焦机就能发挥其优势。

这种消费类的长焦数码相机也有弱点。如其长焦端对焦较慢；长焦端时画面质量不易保证，且手持抖动不易控制等，是长焦相机的一些不足。

有较长焦距不可更换镜头的长焦相机

📷 单反相机

单反相机全称为单镜头反光式取景照相机（Digital Single Lens Reflex Camera，简称 DSLR）。它是用单镜头并通过此镜头反光取景的相机，相机内一块平面反光镜将两个光路分开，取景时通过反光镜折射到目镜取景器中；在拍照时按下快门使反光镜抬起后，光线直接照射到感光元件上就感光成为图像，并传送到存储卡里。

单反相机因感光芯片尺寸不同而有所差异，入门使用的单反相机多是 APS-C 画幅或全画幅。

| 有手动设置和自动功能可以更换镜头的单反相机

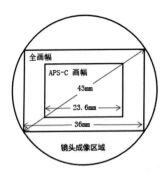

画幅尺寸比例示意

所谓全画幅数码相机是指其感光原件 CMOS 相对与传统 35mm 胶片相机的胶片尺寸而言的。与胶片尺寸相同大小的即为全画幅数码单反相机，而小于 35mm 胶片尺寸的 CMOS 即为非全幅相机，有 APS-C 画幅和 APS-H 画幅相机之分。目前市场上主流相机除全幅相机外，大部分为 APS-C 画幅相机，APS-H 相机相对较少。

画幅成像比较示意

数码单反相机可以根据拍摄需要更换不同规格的镜头，感光元件尺寸大，拥有大量的手动设置功能，快门抓拍迅速，成像质量优秀。单反相机比卡片相机和长焦相机的拍摄功能强大的多。但是这类相机一般体积较大，也较重，价格也高一些。

微单相机

微单相机是在卡片机和单反相机之后出现的，微单的意思是，比单反相机微型小巧，有同样的画质，并也可更换镜头的相机。

| 小巧有较高画质可更换镜头
的微单相机

　　微单相机是定位于一种介于数码单反相机和卡片机之间的跨界产品。其结构上最主要的特点是没有反光镜和棱镜，体积小重量轻，感光元件较大，也可更换镜头。微单相机主要是针对一方面想获得较好画质，又想获得紧凑型数码相机的轻便性的目标用户群。虽然在高端领域，单反依然是专业摄影和摄影棚不可或缺的工具。但微单适合家用、旅行以及准专业摄影，并在不断的技术进步中，有逐步替代入门单反的趋势。

器材选配

介绍几款数码相机常用的镜头、滤镜等器材及辅件的知识，以供选配参考。

镜头

卡片相机和长焦相机是不可更换的内置镜头，单反相机可以根据拍摄需要更换镜头或附加镜片。

可更换的相机镜头有上百种之多，可简要分为定焦和变焦两大类。

◆ 定焦镜头

只有一个固定焦距的镜头，称之定焦镜头。定焦镜头的对焦速度快，成像质量稳定。缺点是不方便，拍摄物体的范围时，要靠摄影者的移动来实现。

| 50mm 定焦镜头

| 300mm 定焦镜头

◆ 变焦镜头

可以在同一拍摄位置上，通过旋转镜头上的变焦环来变动焦距，改变拍摄范围的镜头，称之变焦镜头。变焦镜头实现了镜头焦距范围可按摄影者意愿变换的功能，有利于构图。同时减少了携带摄影器材的数量，节省了更换镜头的时间。其成像清晰度稍逊于好的定焦镜头。

| 18—125mm 变焦镜头

15-30mm 广角变焦镜头

◆ 广角镜头

广角镜头的焦距短于标准镜头、而视角大于标准镜头。由于其焦距很短，视角较宽，视野开阔的特点，比较适合拍摄较大场景的照片，如建筑、风景等题材。

14mm 广角定焦镜头

滤镜

数码相机滤镜是安装在相机镜头前，用于过滤自然光的附加镜头。不同的滤镜有不同的功效，最常用的滤镜有UV镜、偏光镜、中灰镜等。随着计算机技术进步，一些图像后期制作所实现的滤镜效果是通过如 PHOTOSHOP 等图像软件技术完成的。介绍常用几款滤镜如下：

◆ UV镜

UV 镜也称紫外线滤光镜。UV镜能减弱因紫外线引起的蓝色调，排除紫外线干扰，有助于提高图像清晰度和色彩的效果。由于数码感光技术进步，降低了对紫外线的敏感度，所以如今多强调保护镜头的作用，但要注意劣质 UV 镜会影响成像的质量。UV 镜通常为无色透明的，如加了增透膜，会呈现某种颜色。

| UV 滤镜

◆ 偏光镜

偏光镜也称偏振镜或 PL 滤镜。偏光镜能够消除或减弱拍摄物的反射光，排除和滤除光束中的散射光线，拍摄出来的画面会显得更为清晰鲜艳，蓝天白云也会更加突出。使用偏光镜时可以旋转调整，并在取景框中观察效果。

| 偏光滤镜

◆ 中灰镜／中灰渐变滤镜

中灰镜也称 ND 滤镜。它能够减弱光线进入镜头，降低感光度的作用。中灰镜对色彩无影响，也不改变被摄物的光线反差，主要是用在减弱过强的光线上。

中灰渐变滤镜也称 GND 滤镜，是一半透光一半阻光，阻挡进入镜头的其中一部份光线，可以平衡画面上下或左右两部份的光线反差，是风光摄影的常用滤镜。

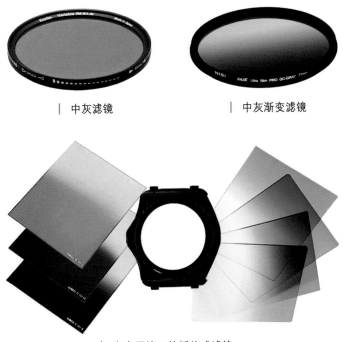

| 中灰滤镜　　　　　　　　　　| 中灰渐变滤镜

| 有专用接口的插片式滤镜

🎞 辅助配件

◆ 快门线

快门线有线控和遥控两种。快门线可以不触动相机进行控制拍照、曝光、连拍，防止拍摄时接触相机表面所导致震动破坏画面的完整性。进行长时间曝光，间隔时间拍照，连拍，计时拍照等尤为有用。例如在拍摄夜景的以及延时摄影的时候比较常用。

| 快门线

◆ 存储卡

数码相机以存储卡（Secure Digital，简称 SD 卡）取代了老式相机的胶片。数码相机拍摄的照片都是存放在相机的存储卡中，以备取用。一部分数码相机对存储卡有专门的规格要求外，多数数码相机采用 SD 卡。

| 不同的容量与读写速度的存储卡

选择存储卡时，主要考虑两个因素，一是存储卡的读写速度，另一是存储卡的容量。SD 卡上有速度等级标志（Speed Class）。例如：Class 4 可以流畅播放高清电视（HDTV），数码相机连拍等需求；Class 6 就符合单反相机连拍和专业设备的使用要求；Class 10 可以满足更高速率要求的存储需要。

采用高速存储卡会提高相机拍摄时的存储照片的速度，在连拍时作用更为明显。购买存储卡时要认清卡上的标识，并按照厂家提供的方式验证存储卡的真伪。

◆ 脚架

相机脚架是用来稳定相机，避免手持时的抖动，使拍摄的图像更为清晰。脚架一般分为三脚架和独脚架。最常见是相机长时间曝光中使用三脚

云台

独脚架

三角架

架，在拍摄夜景、流水、微距等，能够稳定照相机，以达到某种摄影效果。所以，选择脚架的第一个要素就是稳定性。脚架的材质、重量、节数、锁扣和高度都是选购时要考虑的。

脚架，有的可以把相机直接旋接到架端丝锥上，有的脚架上带有云台来连接相机。云台是脚架顶端上面安装、固定相机的支撑配件，可以快速连接或分离相机和脚架，使用方便。

◆ 摄影包

摄影包是携带和保护相机的重要器物。选择摄影包时要注意其耐用性、机动性、便携性和防护性。摄影包有腰负式和背负式等多种式样，腰负式摄影包容量有限，但便于携带，取放

| 腰负相机包

| 肩挎相机包

| 双肩背相机包

机动性大。背包主要是为野外拍摄考虑的，容量大，可装载相机附件，并有外挂绳扣钩环设计。摄影包能够保护相机设备，所以考虑摄影包的容量和外观时，更要注重摄影包的质量，选带有防雨罩的为好。

数码摄影基础

摄影基础知识对于初学摄影者是十分重要的，了解一些摄影基础知识会有助于提升拍摄技法和摄影效果。

像素

像素是数码照片图像的基本单元。把数码照片在电脑上不断放大就会发现，图像是由许多色彩相近的小方点所组成，这些小方点就是影像的最小单元——像素。图像的像素高，图案就会更精细，照片的尺寸和存储容量也会更大。

图片放大前后的像素点对比示意图

数码相机的像素分为最大像素数和有效像素数。最大像素是经过相机软件插值计算后获得的，有效像素数则是指真正参与感光成像的像素值，有效像素的数值才是决定图像质量的关键。这也是选购数码相机时要了解的。

ISO 感光度

ISO 即感光度，这是对感光度做出量化规定的国际标准化组织（International Standardization Organization）的缩写。数码相机的 ISO 感光度通俗说就是"感受光的程度"。传统胶片相机无法改变单张照片的感光度，而现在的数码相机能够根据拍摄条件来自由地改变 ISO 感光度。

| ISO 感光度设置

在自动模式下，ISO 感光度可由数码相机自动识别和调节。手动模式下可以进行手动设置 ISO 数值。

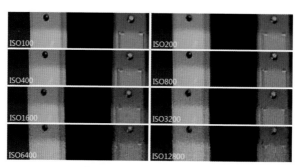

| 感光度不同对图像的影响

ISO 感光度越高，对光的感受就越敏锐。ISO 感光度较高，即使在昏暗处也能辨识图像。ISO 感光度又与画质之间有着密切的联系，较高的感光度会出现相应的高噪点而影响画质。

| 相机快门叶片示意图

光圈（F）

镜头光圈的直径大小会影响光线通过量，而光圈就是设置在镜头里，用来控制光线通过量的装置。拍摄时的光圈大小是用 f 值表示。

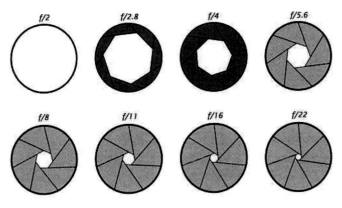

| 光圈孔径与常用光圈 f 值

在快门不变的情况下，f 数值越小，光圈越大，进光量就越多，画面比较亮；f 值越大，光圈越小，进光量也越少，画面比较暗。

光圈是一个可以开大或缩小的机械装置。光圈 f 值则是镜头的焦距和光孔直径的比值（光圈 f 值 = 镜头的焦距／镜头孔径），比如 F／4，表明其光孔直径是焦距的 1／4。在同样快门速度的情况下，光圈的大小控制了相机传感器接收光的大小。

光圈也是影响拍摄画面"景深"的重要因素。在对焦后，焦点前后都清晰的这段距离范围内，就叫做景深。光圈越大（光圈值 f 越小）景深越浅，光圈越小（光圈值 f 越大）景深越深。

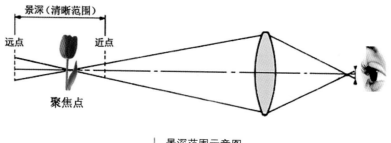

景深范围示意图

快门速度（S）

相机快门是控制感光时间的一种装置。普通数码相机的快门速度由相机自动调节功能来调节，稍高端数码相机可以手工设置。拍摄动态运动的场景时速度要短，如果拍摄夜景或流水朦胧效果时的速度就要长些，如下图所示。快门速度与光圈大小配合使用。

| 快门速度短 (1/1000 秒，f/ 6，ISO 250)

| 快门速度长 (1/25 秒，f/ 3.5，ISO 3000)

快门按钮聚焦功能

快门按钮，也有对所拍摄影像的聚焦功用。数码相机都具有自动对焦功能，在按下快门时，可以感觉到快门按钮有两段式的段落感，这是因为在半按快门按钮并保持住的情况下，相机会进行自动对焦的工作。因此在拍摄时，要先半按快门让相机进行自动对焦，当相机提示对焦完成后再向下完全按下快门，这样就能拍出一张聚焦清晰的照片了。

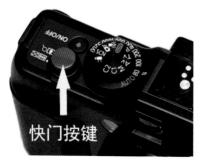

快门按键钮

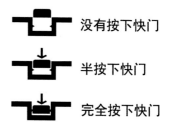

没有按下快门

半按下快门

完全按下快门

半按快门对焦示意

模式拨盘

许多数码相机的顶部，会有一个拍摄模式拨盘，上面有 P、A、S、M 等一些符号。通过旋转调整模式拨盘，相机就会自动进入相应的模式下进行工作。这些拍摄模式拨盘中的功能，都是从拍摄规律中总结归纳出来，而设计了这些特定拍摄模式。

拍摄模式拨盘

| 索尼卡片相机模式拨盘

| 佳能单反相机模式拨盘

| 尼康单反相机模式拨盘

　　拍摄者可以根据场景的需要选择使用拍摄模式，简化了拍摄过程中的技术操控性。

　　数码相机的拍摄模式拨盘，是在拍摄活动中经常使用的设置工具。

　　P档程序曝光模式：相机会根据现场光线情况自动进行调整光圈和快门参数，从而获得合理的曝光。其与全自动模式的差别在于，可以对曝光补偿、感光度等程序进行调整与设置，有更多预设自由度和能动性。

A/Av 档光圈优先模式：该模式下可以先手动设置光圈大小，在拍摄时的相机快门速度会随着光圈的变化而自动调节，从而保证获得合理的曝光。光圈是决定画面景深的重要因素之一，拍摄人像、风光、花卉、微距等照片时使用光圈优先模式较多。

S/Tv 档快门优先模式：手动设置快门大小后，拍摄时的相机光圈大小会随着快门速度变化而自动调节，就能获得合理的曝光。拍摄水流、动物、运动场景等照片时可以选用快门优先模式。

M 档手动模式：即相机的一切参数设置均须手动控制。这种模式可以在光线比较复杂、相机无法准确测光的环境下使用。手动模式可以拍摄出一些特殊效果。

初学者要仔细阅读相机使用说明书，了解拍摄模式拨盘的各项功效，充分享用现代科技成果带来的便利。学会熟练选用模式拨盘的各种拍摄模式，有助于方便的完成预想的拍摄创意。

曝光补偿（EV）

曝光补偿主要作用是修正曝光量。一般情况下，正值是拍摄更亮，负值则使其更暗。在高反差、逆光及光源较为复杂的环境中，曝光补偿效果会比较明显。

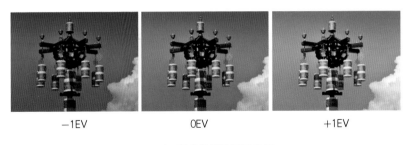

| −1EV | 0EV | +1EV |

| 曝光补偿效果示意图

数码相机可以根据拍摄环境，自动将曝光度调节到较为适宜的数值。而手动控制的曝光补偿设置是拍摄者根据场景需要，通过手工设置对曝光数值进行微小的调整。通俗的说，希望照片亮一些＋EV；希望照片暗一些－EV。其调整如下图所示。

| 曝光补偿设置按钮用拨轮配合调节

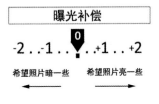

| 一般情况下，指针应位于中间"0"的状态

我们可以通过调整不同的曝光补偿量控制照片的感光输出，从而简便而实效的解决曝光不足或者曝光过度问题。

测光模式

现在的相机基本上都有自动测光功能，在大多数情况下是以景物光照的平均值设置，让我们能够拍摄到曝光合适的照片。

高端相机可以根据拍摄对象选定测光模式，一般有中央重点测光、局部测光、点测光和平均测光等几种测光模式。

测光模式设置

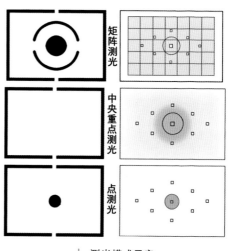

测光模式示意

测光模式，就是相机为了保证曝光正常，按照所设定的测光模式，根据画面中的那个部位的光强，计算出一个合适的曝光值。方便摄影者根据拍摄构图也要来决定更理想的曝光效果。

选择不同测光模式，取得曝光参数就会有所不同。例如：选择点测光，主要是以所取画面中小区域来作为测光基准点。在人像拍摄时可以准确的对人物局部如脸部、甚至是眼睛进行准确的曝光。

较常使用的中央重点测光，顾名思义就是以画面中央为重点测光，对周围也予于一定程度的考虑。拍摄者可以参照相机使用说明书，根据不同的拍摄对象和场景选定测光模式。

构图的简要技巧

　　美就在我们的身边，重在善于发现。只要我们时时留意，并辅之以技巧，就会扑捉和留下到最美好的瞬间。摄影就是截取心目中的一幅美图，而画面中景物的摆放和取舍就是构图，构图对一幅好的摄影作品来说起着至关重要的作用。

　　构图是有规律可循的，在大量的摄影艺术实践中，人们归纳总结出了很多构图法则。例如：对称构图、斜线构图、框架构图、曲线构图、三角形构图、对角线构图、三分构图等，会使得初学者眼花缭乱。其实，多数数码相机里带有的构图辅助工具 —"构图网格线"，就可以帮助我们简单方便地完成基本的构图辅助工作，熟能生巧地掌握构图的基本方法。

　　初学者可以避繁就简，借助和掌握好数码相机中自带的、现成的构图辅助工具"构图网格线"学习基本的构图方法。

网格线构图

　　为了便于初学者构图，现在大多数数码相机中都具有网格线构图的功能，可以通过设置菜单开启这项功能，两横两竖的线（也称三分线或九宫格）就会出现在机背的液晶屏幕上，在视窗取景时可以通过这项功能方便的辅助取景构图和拍摄。

　　摄影艺术构图是有规律可循的。所谓线段0.618的比例，会给人一种协调的感受，所以被称为黄金分割线。人们从长期美术构图的实践中总结和发现，黄金分割比例会给人带来视觉上的美感。也就应用到了取景构图中。

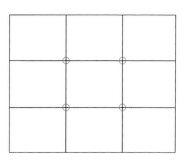

网格线可以让初学者更好的体会黄金分割线构图法。运用好网格线构图会让照片的视觉效果看起来较为协调。无论拍摄人像还是风景时尽量将拍摄主体放在被两横线或两竖线分割的四个交叉点的某一个交汇处，这个构图方法拍出的照片，看上去画面和视觉感受上比较和谐舒适。

这几幅带有网格线的例图，显示了画面焦点放在线段的交汇处附近的视觉效果。

　　拍摄大场景的风光照片也可以不仅局限于交叉点，运用分割线也可以得到黄金分割的效果。例如拍摄广阔草原或者湖泊时，可以运用分割线将场景主题置于分割线上 1/3 处或下 1/3 处，也会有较好的视觉效果。如下图所示。

　　利用网格线运用三分法构图还可以表现景物的虚实对比关系，将拍摄主体置于黄金分割线位置使主体清晰背景虚化，能更好的突出所拍摄的主体。

　　通过网格线构图的好处在于能更快速的判断所拍摄的景物垂直和水平，尤其在拍摄风光和建筑题材的摄影作品时能作为参照来观察地平线是否水平。

　　网格线构图是一种比较常规和实用的构图方法，便于初学者构图入门和掌握。

对称与平衡

对称式构图画面比较工整，主要是左右对称和上下对称，对称轴两侧的画面内容基本一致。而平衡的画面构图会让人产生视觉与心理上的完美、宁静、和谐之感。对称与平衡是美图及一切设计艺术最为普遍的表现形式之一。

自然界的景物中有很多对称的景物，人脸就是左右对称，宗教和宫廷建筑也多是对称设计。表现庄严郑重的画面就需要找出景物的中轴线，才能拍摄出严格对称的构图。构图对称比较严肃，缺少变化。

对称式构图的画面比较庄重

对称式构图会带来视觉上安静和谐的感受。

　　自然界的景物中有很多并非对称的景物，构图中画面的平衡是更为丰富的形态了，画面上的平衡是运用大小、色彩、位置等差别来形成视觉上的均等。画面景物构成中的平衡是指视觉上的平衡，但平衡的构图不一定就必须要对称。构图平衡画面比较活泼。

| 色块轻重虽不对称，但整个画面协调平衡

光线的明暗虽不
对称，但在画面位置上
取得了平衡。

留白与空间

　　画面的留白一词指平面艺术创作中为使整个作品画面、章法更为协调精美而有意留下相应的空白，留有想像的空间，或使画面构图虚实均衡。摄影中现在也有这种叫法，用来突出主题，留下想象空间，增添画面意境。实际上把被摄物充满的画幅，往往显得呆滞、臃肿。恰当的留白与空间能够表现出无画处皆有妙境，空白处并非真空的意境。

| 人像前方有较大空间，并不显空缺。

画面保留疏落有致的空间，带来诗情画意的想象。

桌物与空旷海面，引发遐想而不觉乏味。

留白与空间要联系和均衡画面上各景物，为画面增添韵味。与具体实物相对的空虚之处，可能是天空、冰雪、烟雾、水面、地面等等。大师齐白石只画几只正在游动的大虾，观者却看到满纸都是水，画面生机盎然。

人像摄影时，要注意在人脸视线的前方多留出一些空间。拍摄花卉或其它静物时，如想画面活泼些也可在一侧多留些空间，这样画面就不会觉得拥挤和紧张。这样的照片也符合网格线构图法。

色彩与构图

色彩配置也是摄影构图中的重要内容之一。色彩平衡的原理与力学上的杠杆原理颇相似。在观察一幅完整的图案时，各种色块的分量将会在人们视觉中的垂直轴线两边起作用。如左右两侧的色量（大小、明暗）能取得平衡时，在人的视觉中就会感到协调。画面的协调，既要景物摆放得当，也要色彩选取的赏心悦目。色彩的平衡和浓淡，都会影响画面的视觉效果。色彩与色块的选配，在摄影中的应用十分广泛。

春花的色彩斑斓赏心悦目，色块并非对称但是平衡的。

秋天果实虽拥堆且色彩相近，以其形状、器具、背衬等色彩差异作了区隔。

　　拍摄的景物呈现色彩缤纷时，要观察梳理，抓住重点，构成色彩和谐的画面。尽量避免繁杂色彩堆积，可以利用景物色彩的冷暖、明暗进行构图，使得主题色块与背景色块相映成趣。

色彩的对比与衬托增强了视觉效果

色块黑白的对比简洁明快。

拍摄自然风景

随着旅游热的兴起，拍摄自然风光之美的照片占有了不小的数量。

常用器材

旅游景点和自然风光都各具特色，场景也各有不同。为了更适合拍摄美景的不同需要，使用能够更换镜头的单反相机就会比较方便。常用的是中长变焦镜头和广角镜头，也可以使用所谓"一机走天下"的18–200mm（APS–C 画幅）或28–300mm（全画幅）的大变焦镜头。拍摄视野开阔、宏伟壮观的大场景可以使用广角镜头。

拍摄风光时还需要携带脚架、滤镜、快门线等辅助器材。

选择时机与画面

　　太阳光是大自然中最常见的光源，日出日落，星移斗转，它的瞬息万变为大自然披上绚丽的服饰，为我们的拍摄提供了美丽的景色。对于自然风光摄影而言，光线变化较多的清晨日出和黄昏日落的时间段，景物的轮廓和层次会有多彩的显现，都是拍摄的好时段。太阳高悬的正午时刻，照射景物的光线很强而显平白，容易造成拍摄对象受光过多而过曝，丧失细节和层次感。有时薄云遮日光线柔和，也可适机拍摄。

| 太阳的强光被海岛和云遮挡，逆光拍摄凸显出海岛和海浪的层次感。

　　从地面上树荫可以看出来，晨曦是在画面的左侧，映射出了重重山峦，群山叠嶂的美丽画面。

　　以中亮处测光后，锁定测光值，逆光
剪影构图，框取了飞鸟、云朵、塔吊和建筑物。

| 拍摄场景缺少植被的点缀，借助近景与远景及光线的映衬，丰富画面情节，拓展透视关系。

对于著名旅游景点的景物，拍摄时要注意关联该景点的历史、文化或建筑特色。

在有限画面里反映博大内容，就要细心观察，选取具有代表性和概括性的画面。

构图选择

首先要仔细观察，就像在美术馆里欣赏一幅风景画一样，让取景框里的景物富有空间感，层次递进，错落有致。

画面均衡地框入了大坝喷涌的水花和山坡上的白云等周边环境，如果只拍摄大坝就有些单调。

　　│　网格线焦点位置上的塑像和阴影组成
了一幅生动的画面。

后期处理 ————————

　　相机与人眼的视觉是有差异的。例如在逆光时，人眼可以同时看清天空和人物面部的细节，而相机在天空曝光正常，人物则会黑成一片剪影，如果对人物曝光正常，天空就会是白茫茫的过曝，失去细节。　同时，在摄影环境也不可能总是天遂人意，拍摄者想对所拍摄的图片另有企望和构想，可以借助后期处理的技术。

　　图像的后期处理，就是对机电光学设备摄制的数码图片的一种修正或补充，添加一些人们的主观因素，对素材做调整、特效处理或添加文字等，使图片显得生动鲜活。后期处理只能是在一定基础上的调整，需要有好的素材和出色的基础原片。我们可以从下面一些图片感受到处理前后的差异和效果。

　　调整反差，添加题款"燕山天池"，为
淡雅的画面增添了诗画的意境。

修正透视畸变、调整透视效果、使视觉感觉舒适。

拍摄人物

人像摄影大概分为艺术人像、新闻人像、纪实人像等。初学者不妨可以先从最常见的日常生活和旅游人像等纪实摄影入手。

器材

在人像摄影中的器材较常用是大光圈的固定焦距镜头和中等变焦镜头。定焦镜头的画质普遍较高，畸变较小，拍摄人像有优势。如果是经常户外旅游摄影，户外场景变换的幅度较大，如嫌不时更换镜头较麻烦的话，建议初学者的挂机镜头可以变焦镜头为主，定焦镜头为辅。携带反光板或可衬光的物品作为辅助光。

把握光线与场景

要合理用光。通常人像摄影采用相对柔和的光线，可以避免出现丢失肤色细节上的亮斑或黑影。利用一定角度的侧光，会使被拍摄主体轮廓表现出立体感。而调用大光圈，适当虚化背景，可以进一步突出主体。近拍是要抓住眼神以人物眼睛对焦。远拍时要注意人物与场景的协调性。

人物摄影的第一要素，抓住人物的眼神和目光。眼睛上有高光亮点，就会显出人物的精气神。

　　│ 服饰道具也是展示图像内容和人物身份的一个重要部分，可利用光线表现出服饰的质感。

　　│ 拍摄现场不能使用闪光灯等辅助灯光时，要适当地提高感光度 ISO 的数值，要精心选择最有表现力的角度拍摄。

　　如稍大些的光圈捕捉晃转的手持转经轮和快步走动的清晰画面，就要相应地提高曝光速度。

　　| 人物的神态与器物的综合总体就构成了画面故事，暗背景和逆光的勾画使人物形象鲜明生动。

　　| 拍摄人物形体动作时，要注意观察在其动作舒展的时刻按下快门。

利用室内自然灯光拍摄时，使用自动白平衡，尽量大光圈，持机要稳定。如果使用相机闪光灯要注意留下背景阴影。

在抢拍时，要选好拍摄位置，抓住气氛的高潮和真情流露的瞬间。

精心构图

拍摄人物时，首先要观察光线对主题的照射情况，考虑背景的明暗和色彩的烘托效果，发挥相机网格线的作用，把拍摄重点尽量放在构图网格线的交汇处。

冲浪人身体在画面中呈斜线，引人注目的面部表情的焦点在网格线交汇处。

古建筑门的花窗和斑驳阴影只是人物神态的衬垫，人物虽然偏居画面的一侧，但画面并未失衡。

游客与飞鸟互动，网格线交汇处惊喜兴奋的人物表情是画面的焦点。

后期处理 ————————

　　摄影入门的人像后期处理，通常是简单处理图片剪裁、曝光强弱、细节层次或色彩调换等问题，用一些易学易用的国内数码图像处理软件就很方便。

对马来亚青年人像的原片进行了裁剪，调色和锐度处理。

在模特走秀图像的后期处理中，可以根据需要改换更理想的服饰颜色。

拍摄花草与动物

很多摄影爱好者喜欢拍摄花草和动物。拍摄静物和动物可以用同一设备拍摄，可根据拍摄的需要更换镜头和设置。

器材

拍花卉可以使用大光圈定焦头或微距镜头，也可以使用中变焦镜头拍出背景虚化、主题突出的漂亮效果。拍摄禽鸟动物使用中长焦镜头比较方便。无论拍摄花卉禽鸟都要把握好准确的对焦和曝光。

拍摄技巧

◆ 拍摄花卉

拍摄花卉要避免直射光，要善用柔光、侧光和背光。柔和的光线有助于拍出漂亮细腻的图像。要充分利用漫射光，更好的表现出花卉的质感和层次。在云天或浅阴天拍摄也是可以的，正午的强光会损害或丢失画面的细节。

拍摄花的特写要拉近镜头，选用大光圈要注意景深的尺度。侧逆光拍摄显现了花蕊颗粒细节，红白相衬，引人注目。

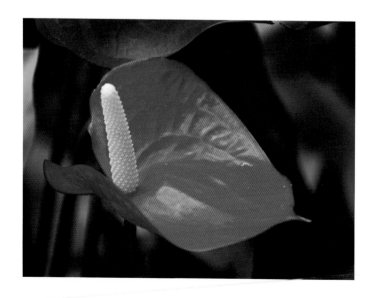

| 含羞草花形小，花瓣细。利用侧光照射出花球的质感，调整花蕾构图与深色背景的关系，突出了画面主题。

拍摄花卉时利用中长变焦镜头较强的背景虚化效果，可以较方便的排除杂乱的背景和构图。通常情况下拍摄模式可选择 P 档的程序自动曝光模式。这样操作简便，也会有不错曝光效果。拍摄静物特写时，可以选择数码相机模式转盘中的 A（Av）光圈优先模式的大光圈拍摄。在使用长焦和较大的光圈拍摄时，

｜ 浓荫下的莲花没有强光照射，避免了画面主题的细节损失，花瓣上的脉络清晰可见。

要注意拍摄主题的景深。使用光圈优先模式拍摄时，如果发现被拍摄物只有最中间部分清楚，就是景深距离过小，就收小一点光圈拍摄。

拍花时可降低相机的高度，在花朵的水平拍摄，这样可以有进入花世界的感觉。甚至可以贴近地面向上拍摄，犹如生于花丛中，会有特别的视角效果。一些相机的配有可翻转显示屏，很方便在不同的机位角度取景和构图。

│ 拍摄花的脉络或纤维的质感时，一定要对焦准确，景深适度，可使用三脚架确保相机稳定。

要注意被拍摄主题与背景颜色的差异，让主题与背景有一定的反差和对比，以背景色衬托主题，会使主题更为光彩夺目。

│ 拍摄花卉时要一定注意聚焦和拍摄时相机的稳定性，或可使用三脚架。

　│　选拍景物时不在繁简，而在特色和取舍。可在花丛中选健康、完整和有代表性主题拍特写。

　│　拍摄花卉草木时要多观察，都争拍的未必出效果，平常景物悉心观察也能撷出美好。拍花草有风动时可适当调高快门速度。

拍摄动物

拍摄动物时细节和瞬间很重要。拍摄不易近距离接触或有持续动作的动物时，中长焦镜头和相机连拍功能就可以较好的发挥作用。不同的相机品牌与型号，连拍速度有所不同。例如，佳能6D连拍速度是4.5张／秒，尼康D600连拍速度是6.5／秒，基本上都可以满足入门摄影爱好者的拍摄需要。

| 使用中长变焦或长焦镜头避免近距离惊扰禽鸟，拍摄时要考虑到光线、构图等以及机位再移动的位置等因素。

　对有些不断跳动的禽鸟，就要使用高速快门或相机连拍功能，选择模式拨盘中的速度优先模式，在动物的蹦跳运动中快速抓拍美丽瞬间。

　　拍摄模式一般可以选择 P 档的程序自动曝光模式，把主要注意力用在把握拍摄时机上面。将 ISO 感光度设置为自动，就可由相机自如地应对光线的急剧变化。如果是白天在室外拍摄，设置稍高些的 ISO 感光度，噪点也不会像在夜间拍摄时那么明显。在拍摄时应该随时注意快门速度的调整和变化，并要防止可能出现的拍摄抖动。

　　拍摄一些不停地跳跃或飞翔的动物，可选择设置数码相机的 S（Tv）速度优先模式。使用高速快门时，也要考虑其动感效果。快门速度偏低时图像会模糊，快门速度过高时被拍摄物颇似凝滞。拍摄时利用侧光，可以更好的表现出动物的立体感与生动活泼。拍摄深浅颜色不同的禽鸟动物时，可以选择主题与背景的颜色有些反差，使主题更加突出，烘托整体画面的美感。

│ 拍摄飞鸟要选择模式拨盘中的速度优先档。各种飞鸟的飞行速度是不一样的，同时也要考虑到被拍摄物的距离及运行方向角度等因素的差异。快门速度一般不低于1/800秒。

| 拍摄动物时，如果持相机与动物相同高度，会有一种与之交流的效果。拍特写时可以选用大光圈，使主题更为细致和突出。取景构图时尽量使动物与其生活环境有所联系。

| 拍摄宠物特写可选择模式拨盘中的光圈优先模式，首先要把握好动物的姿态与神情。选择简单背景以便突出主题，也可以运用中长焦段镜头或大光圈镜头来突出主题，虚化纷杂的背景。表现动物毛发质感则要求聚焦准确稳定。

选择健康干净的动物，构图时要有些变化，要把握好动物情绪。制造适当响动使动物眼睛放光的看向你所在的方向。

　　| 拍摄灵巧多动在树荫暗光中的动物，要相应地提高快门速度。抓住动物活动中体形有变化而目光朝向镜头时拍摄，画面就会生动一些。

　　| 通常拍摄野生猛兽的机会不多，动物园可做初学者练习的备选地点。使用有远摄能力的长焦镜头拉近距离做不同角度的构图和拍摄。

拍摄动物群时，以自然环境的背景衬托，显现自然界的和谐共存关系，会更符合大众审美观。光圈设置的要小些，景深拉长，使画面中的近景远景都清晰。也要注意光的照射角度，侧照光会使被拍摄物有明暗变化，使画面现出立体感与空间深度。

选择角度

拍摄花草、动物时，除有特殊要求外，构图过于正面或对称会使画面显得刻板，而选择适当侧角度拍摄的局部或全貌会使画面生动活泼一些。利用相机的构图网格线拍摄时，可将被拍摄主题摆放在构图网格线的交汇处。

| 使用相机的网格线构图简单易用，效果也很好，为拍花卉常用的构图方法。拍花时在花朵的同一水平高度拍摄，会有感觉进入到了花丛之中的画面效果。拍特写时不要贪心的在画面里挤满花束，可以花丛为背景拍摄最有特色和代表性的一两朵花，也会有观微见著的效果。

　　｜　如果动物在在不断地动作中，就需要抓拍，使用单镜头反光照相机比较方便。镜头可选择大变焦镜头、长焦或广角变焦镜头。如果使用手动或速度优先的快门设置时，快门速度一般不低于1/ 60秒。对于动作敏捷的动物要使用1/ 125秒以上的快门速度。对飞翔物的快门速度一般不低于1/ 800秒。有些大型动物动作迟缓，有些小动物的动作非常快，仅用单拍很难捕捉，为了能更好地抓拍到理想画面，可以设置连拍模式。

后期处理效果

　　拍摄动物时的光圈速度可以预设，准确把握动物运动时的画面构图有难度，稍不注意就会出现些许偏差。后期的处理可以对未能顾及到不足进行调整或剪裁，成为平面静态的二次构图。

　　抢拍时未能注意到地平线，后期调整地平线为水平，以符合视觉习惯。

　　拍照画面中的前景距离过大，经过后期的裁剪画面，将 8：6 裁剪成 16：9 后，使主题突出，画面协调充实。

图片存储格式与图片信息

选用适当的照片存储格式，是摄影过程的一个重要环节，也关系到拍摄活动的劳动成果。照片存储格式会影响到数码图片文件的大小、质量、传输速度与后期制作。了解一些图片储存及格式的基本常识有助于更好的使用图片。

数码照片格式简介

目前数码相机照片中最常用的是 JPEG 与 RAW 两种文件格式。

JPEG 文件是一种最常见的，可以提供优良图像质量的文件压缩格式，文件后缀为"＊．jpg"。这种图像格式时所拍摄出的照片，经过了相机内部的影像处理器加工完毕，可以直接出片观看和使用。JPEG 图像文件通过去除冗余数据，减少储存空间，加快了存储速度，虽然经过有损压缩对一般图像的使用影响不大。

JEPG 格式体积小、兼容性好，广泛用于数码相机和互联网领域。JEPG 采用的有损压缩模式，单反相机对 JEPG 文件压缩程度，在设置菜单里是可以选择的。一般是有三个质量等级可供选择：小（S）、中（M）、高（L），可以根据个人对图像的品质要求进行设置。

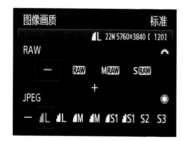

相机照片质量和尺寸的设置菜单

RAW 格式，是相机图像感应器把捕捉到的光源信号转化为数字信号的原始数据，也称为无损格式。

各相机厂商采用自己的编码方式记录 RAW 数据，其文件后缀也不同，可以通过个品牌相机使用说明书来了解和识别。

文件格式

- NEF（RAW）：12位或14位，无损压缩或压缩 • JPEG：兼容JPEG-Baseline，压缩率（约）为精细（1:4）、标准（1:8）或基本（1:16）（文件大小优先）；也可选择最佳图像品质压缩
- NEF（RAW）+JPEG：以NEF（RAW）和JPEG两种格式记录单张照片

尼康相机厂商的文件格式说明

RAW 格式保存照片的容量较大，RAW 文件要经过专门软件进行处理，才能获得可以使用的图像。

JPEG 文件格式与 RAW 文件格式不同，就是相机直接出的 JPEG 图像，是已经在相机内部对 JPEG 格式文件压缩调整处理后的图形文件。而 RAW 文件只是相机记录未经任何处理的原始数据。如果对图像质量要求较高，可以选用 RAW 格式拍照。RAW 文件是要经过电脑的处理和转换才能使用，各相机厂家提供了相应的处理软件

RAW 格式处理

各厂商出品了并随机赠送各自 RAW 的解析软件。由于各大相机厂商采用自己的编码方式来记录 RAW 的数据，所以设置 RAW 拍摄格式后，相机品牌不同，得到的图片文件后缀也不同。如下表所示：

相机品牌	文件名后缀	各厂商专用软件
佳能	.CR2 .CRW	Canon Digital Photo Professional
尼康	.NEF	Nikon Capture NX2
索尼	.ARW	Image Data Converter SR
富士	.RAF	FinePix Studio
宾得	.PEF	Pentax Photo Laboratory
奥林巴斯	.ORF	Olympus Master

在通用软件方面，新版本 Photoshop 可以直接读取多数 RAW 格的文件，并且可以通过更新插件支持更多的文件格式，其在处理效果上与各厂商的 RAW 解析软件各有千秋。

查看照片信息参数

使用数码相机的便利之处，是可以随时查看照片附带的拍摄信息。在电脑中打开照片，用鼠标点击右键菜单的"属性"，就可以看到照片的拍摄参数（Exif）等相关信息了。其操作如下图所示：

　　数码相机在拍摄时会自动附加上基本拍摄参数（Exif），会记录下照片拍摄时所使用的相机品牌、拍摄焦距、光圈、快门速度、感光度等等一些技术数据。

　　通过查看自己拍摄的作品 Exif 参数，便于效果对比和总结经验。查看优秀作品的 Exif 参数，可以了解作者拍摄使用的器材和拍摄时的参数设置，可以学习和提高拍摄技术。这也是数码照片相对于传统胶片的一个重要优势。

后期处理软件简介

数码相机已经取代胶片相机成为主流摄影工具，传统胶片暗房工作也转变成为数码后期电脑修图。科技进步使少数人掌握的胶片叠加显影和修版等传统暗房技术，变成了日益大众化的数码图像后期制作技术。一张有潜质的数码照片经过后期处理后，往往能带来完全不一样的视觉冲击。

图像后期处理软件

随着数码相机和计算机技术的发展，一幅出色的数码图像作品，除了依靠数码相机完成测光、对焦、构图等之后，还可以进行后期处理，让照片更具魅力。因此，专业摄影教材也都与时俱进，加大了后期制作技术的篇幅，教学上增加了后期制作技术的课时与实训。

目前，国内较常见有 PHOTOSHOP、光影魔术手、美图秀秀等数码图像制作软件，PHOTOSHOP 是国际上著名的图像处理软件，提供了专业的平面设计、图像编辑与处理的技术平台。而光影魔术手、美图秀秀等则是易学易用的国产数码图像处理软件，受到业余摄影爱好者好评。下面以"光影魔术手"为例，对图片后期处理功能作简要介绍。

图像处理软件光影魔术手简介

◆ 操作界面直观

操作界面中拥有自动曝光、数码补光、白平衡、亮度、对比度、饱和度、色阶、曲线、色彩平衡等一系列非常丰富的调图参数。各种常用的调图工具十分直观，文字清楚，一目了然，操作简单，使用方便。

◆ 参数调用简便

　　调整前 ← → 调整后

　　拨动亮度或对比度的滑块，可以调整画面的明暗及反差；拨动色相和饱和度的滑块，则可以使色彩发生变化。操作时可进行反复的调试和比较，直到满意为止。即使确定后，还可以返回原点进行重新调整。

◆ 多种暗房特效

　　有多种丰富的数码暗房特效，可以便捷的
实现各种色彩格调变化，轻松制作理想的照片风格。

　　在后期制作软件里多附带了各种特效模版和滤镜，能够使
用电脑键盘鼠标进行很直观的比较、选择和操作。在相机镜头
加上滤镜是为了拍出某种效果的照片，而后期软件滤镜是对已
拍摄的照片素材调整出相应的效果。

◆ 剪裁画面

后期制作软件对图像素材后期的裁剪处理功能，可以弥补原构图的不足，或裁剪某些画面另作它用。编辑图片的时候，也可以很方便的进行批处理图片尺寸设置和处理。在调整图像的尺寸时，要注意像素的设置与变化。

可以对原图像进行尺寸、画面的处理和剪裁。

◆ 文字和水印功能

在编辑图片时，可以很方便的在图像上加上文字，增添了纪念意义，或有画龙点睛效果。水印原本是用作真伪鉴别、版权保护等功能，也可以把它用于个人娱乐的美图logo。

相机清洁与保养

正确的清洁和保养方式能够延长数码相机的使用寿命，也是正常有效使用相机和保证图片质量的重要措施。做好维护和清洁工作，妥善保管，使摄像器材时时处于良好的备用状态。

设备查验

启用或存放相机器材设备时，由于单反相机是可拆卸镜头，按键旋钮也较多，要仔细查验机身和感光芯片是否有污渍或灰尘。机身镜头一体的数码相机的检查，则直观简单些。

单反相机感光芯片清洁状况检查，可以对准一张干净的白纸拍摄以确认感光元件表面是否有灰尘污渍。一般干燥灰尘可用吹气球吹除，注意不要让气嘴与机内的任何元件，尤其是感光元件表面发生接触。如果在保修期内或没把握自清，应送店保养维护。

| 感光芯片的位置

| 感光芯片上的灰尘

　　相机使用完毕后，检查滤镜、电池、脚架等器材的品质与功能的完好性。要做好清洁工作，然后妥善保管。

清洁保养工具

对摄影器材的清洁和保养，主要是外观和可以直接看到的内部元件。使用变焦镜头或更换镜头时，灰尘容易进入设备内部，要注意清洁。初学摄影者自备擦镜布（纸）、清洁笔、吹气球等简单清洁用具即可。用毛刷和气吹清扫机身以及镜头上的灰尘。液晶屏上的脏点要用柔软布擦拭干净。

无论使用何种相机的清洁专用工具时，都要事先阅读使用说明书，在清洁过程中注意轻力不要划伤器材。

擦镜布（纸）

吹气球

清洁笔

设备保管

存放相机时，安全的存放处以及装载器物是非常重要的。要避免撞摔等物理性损害，也要注意相机的防潮保护。现在各种电子设备较多都配有充电器数据线，可给数码相机的专用充电器和数据线做标记或贴标签，方便识别和取用。

存放相机时，也应查看存储卡中的图像数据存储情况，及时备份或做好标记，以免误删或遗忘。如果数码相机一段时间不用，应卸下电池。并按照使用说明书的要求对存放的电池定时充电。

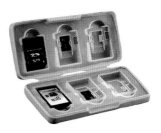

存储卡收纳盒

相机防潮箱

附：数码相机的常用符号、模式和参数

◆ 数码相机的常见图解符号

拍摄记录模式	回放模式	声音记录	删除模式	删除一张
全部删除	曝光补偿	逆光曝光补偿	带声音的图像	显示一览表
保护	受保护图像	画质	压缩率	区域聚焦1（远距离）
区域聚焦2（中距离）	区域聚焦3（近距离）	区域聚焦4（超近距离）	特写/宏观	长焦（望远）
广角	闪光灯/频闪	禁止闪光灯/频闪	削减红眼/补偿红眼	自拍装置
存储卡	警告无存储卡	单张拍摄	连拍	多重曝光

◆ 数码相机常用模式设置与功能

标 识	模 式	功 能
Auto	全自动模式	所有拍摄参数均由相机自动控制。
P	程序自动曝光模式	光圈、快门均由相机自动设置。曝光补偿、ISO（感光度）、白平衡等可以手动设置。
S（Tv）	快门优先模式	手动选择快门参数，相机会自动匹配相应的光圈数值。
A（Av）	光圈优先模式	手动选择光圈参数，相机会自动匹配相应的快门数值。
M	全手动模式	所有拍摄参数均须手工设定。

◆ 数码相机常用拍摄参考数值

光圈	F 值	F1.4 ~ F2.8	F5.6 ~ F8.0 ~ F11		F16 ~ F22
	景深范围	小景深	中等景深		大景深
	拍摄用途	细致	一般摄影		风景

光圈	S 值	1/2000	1/1000	1/125	1/30	1/4
	速度	高速	高速	中速	慢速	慢速
	目标	运动员	飞鸟	日常生活	傍晚	城市夜景

结 语

　　各品牌档次的数码相机，在符号标识、屏幕显示、菜单设置和按钮位置等方面都并非相同。所以，要仔细阅读相机的使用说明书，了解相机设置和各按钮功能，在拍摄操作是才能得心应手。

　　数码相机较之胶片相机，在软件硬件与操控性方面，有了很大的技术进步和更高的科技含量。选择了数码相机就要充分享用现代科技成果，充分利用相机所提供的，如模式拨盘、构图网格线、自动测光对焦等诸多操控方面的便利性，不断学习和实践掌握了摄影规律，就会不断地登上新梯阶。

　　摄影是一门技术，也是一门艺术。初涉摄影，首先要熟悉和掌握好操控数码相机的基本技术。技术好拍出的照片就会合乎规范受好评。如果希望在摄影上进阶到艺术殿堂，就不仅是要技术好，还要具备更多的艺术素养。他山之石可以攻玉，多观摩优秀的美术作品有助于提高构图取景水平。

　　大家知道，学习外语听再多学习方法的讲座，仍要苦记勤念才行。摄影也是同理，实践出真知。摄影是一门有较强实践性的学科。千里之行始于足下，只有多看、多拍，多观摩、多比较、多总结，就会不断的有进步，有收获。